Matematica ç

Fábio de Souza Ferreira

Matematica geometrica nella cisterna a lastre

Imparare la matematica attraverso la costruzione di una cisterna a lastre

ScienciaScripts

Cover image: www.ingimage.com

This book is a translation from the original published under ISBN 978-613-9-67453-4.

Publisher:
Sciencia Scripts
is a trademark of
Dodo Books Indian Ocean Ltd. and OmniScriptum S.R.L publishing group

120 High Road, East Finchley, London, N2 9ED, United Kingdom
Str. Armeneasca 28/1, office 1, Chisinau MD-2012, Republic of Moldova, Europe

ISBN: 978-620-8-16805-6

SOMMARIO

Dedico questo lavoro a mia moglie e a mio figlio, che mi hanno dato il sostegno e la forza di non arrendermi. Lo dedico a mia madre, che mi ha dato la possibilità di vivere.

RICONOSCIMENTI

Vorrei innanzitutto ringraziare mia moglie e mio figlio per la loro pazienza e comprensione durante le innumerevoli volte in cui ho dovuto fare le ore piccole per scrivere le relazioni. Vorrei anche ringraziare il Prof. Thiago Jefferson de Araùjo per la sua pazienza e collaborazione nel guidarmi durante il processo.

A tutti coloro che hanno creduto nella realizzazione di quest'opera e mi hanno dato la forza e l'incoraggiamento per continuare questo progetto.

A Dio e a suo figlio Gesù, creatore dei cieli e della terra, che ci permettono di vivere la nostra vita con maggiore pace, fede e, soprattutto, protezione divina.

"Non esistono modi semplici per risolvere problemi difficili".

(René Descartes)

SOMMARIO

Questo lavoro è il risultato di un progetto di ricerca per un documento conclusivo del corso (TCC) sviluppato in una comunità rurale chiamata Sitio Barra do Japi, che si trova nella transizione tra le città di Japi-RN e Santa Cruz-RN, entrambe situate nella mesoregione di Agreste Potiguar e nella microregione di Borborema Potiguar, a circa 122 km dalla capitale dello Stato di Rio Grande do Norte, in Brasile. L'obiettivo è indagare e analizzare attraverso l'etnomatematica come i contadini e i loro parenti più stretti possano apprendere la matematica durante la costruzione di una cisterna a piastre. A tal fine, abbiamo cercato di riunire i concetti matematici coinvolti nel lavoro di costruzione. L'obiettivo è che gli insegnanti di matematica della comunità siano in grado di integrare le loro lezioni con la realtà quotidiana di queste persone, avvicinando la scuola alla vita quotidiana degli abitanti della comunità, in modo che gli studenti possano partecipare ad attività che si riferiscono agli insegnamenti matematici sviluppati e basati sulle concezioni dell'Etnomatematica. L'obiettivo è anche quello di avvicinarli alle conoscenze matematiche che le popolazioni rurali portano con sé senza aver mai frequentato la scuola. A tal fine, si indagheranno fatti storici e socioculturali legati allo stile di vita di queste popolazioni. L'accento sarà posto sull'apprendimento della matematica attraverso attività direttamente collegate alla cisterna. Tuttavia, sarà necessaria l'appropriazione metodologica dei concetti e delle tecniche dell'Etnomatematica basata sul pensatore D'Ubiratan Ambròsio. Infine, intendiamo mostrare i risultati di queste analisi attraverso studi statistici dell'intervento realizzato nella comunità.

Parole chiave: Cisterne a piastra.Educazione.Etnomatematica. Insegnante.

1 INTRODUZIONE

Di fronte alle nuove sfide dell'insegnamento della matematica, la nostra intenzione è quella di mitigare gli effetti negativi dei metodi tradizionali. Cercheremo inoltre di avvicinare teoria e pratica, partendo dal fatto che la matematica è tutto intorno a noi.

E tenendo presente che le opere di convivenza con la regione semiarida, come le cisterne a lastre, tra le altre, sono di fondamentale importanza per la sopravvivenza delle famiglie di agricoltori, data la difficoltà di produrre cibo in regioni così inospitali. La matematica applicata emerge quindi intorno a tutte queste attività, rendendo questa realtà più facile e piacevole da vivere. È in questo contesto che citiamo lo studio dell'etnomatematica nelle parole del compianto Ubiratan.

L'etnomatematica non è solo lo studio della "matematica dei diversi gruppi etnici". Per creare la parola *etnomatematica* ho usato le radici *tica, matema ed etno* per significare che ci sono diversi modi, tecniche, abilità (*tica*) per spiegare, comprendere, affrontare e vivere (*matema*) diversi contesti naturali e socio-economici della realtà (*etno*).

(D'Ambròsio, 1997, pagg. 111 e 112)

Di conseguenza, sono state poste alcune domande che hanno dato origine all'argomento. Perché gli agricoltori costruiscono edifici o si occupano direttamente di pratiche che implicano molte conoscenze matematiche, senza aver quasi o mai frequentato la scuola? Come hanno acquisito queste conoscenze e sono diventati abili in queste pratiche coinvolte nei loro compiti quotidiani? Com'è possibile? Persone quasi o totalmente analfabete possono sviluppare competenze matematiche che ci stupiscono!

Per farlo, abbiamo dovuto studiare autori di questo settore come Ubiratan D'Ambròsio e Paulo Freire, poiché la ricerca bibliografica relativa allo studio di questi saperi è direttamente collegata all'etnomatematica e ai saperi dell'alfabetizzazione. Per D'Ambròsio (2005), le lezioni di matematica dovrebbero essere basate sulle conoscenze matematiche che vengono trasmesse dall'esterno all'interno della scuola. Questa conoscenza dovrebbe essere sviluppata a partire dall'esperienza di vita dello studente.

È in quest'ottica che intendiamo esplorare questo lavoro. Mostrare a chi insegna matematica che è possibile sviluppare tecniche e strumenti volti a integrare la teoria matematica con la pratica quotidiana. In questo modo è possibile sviluppare e imparare la matematica non solo in classe, ma anche nella vita di tutti i giorni, in un processo costruttivo che integra la conoscenza con la pratica.

L'obiettivo di questa ricerca è indagare e analizzare attraverso l'etnomatematica come i contadini e i loro parenti stretti possono imparare la matematica durante la costruzione di una cisterna a lastre.

La nostra ipotesi è che la pratica della costruzione della cisterna contribuirà agli studenti e alle persone coinvolte con le conoscenze matematiche presenti in questa costruzione. Questa attività si appropria anche di elementi di matematica che vengono sviluppati in classe.

D'altra parte, questo lavoro ha una struttura di capitoli che sono organizzati come segue: nel capitolo 1, abbiamo l'introduzione che affronta l'idea iniziale del lavoro, che segue con l'interesse per l'argomento e il problema della ricerca e termina con la struttura del lavoro.

Il capitolo 2 presenta le basi teoriche e metodologiche della ricerca, che si basa sull'approccio etnomatematico. Sempre in questo capitolo, vengono presentati la ricerca qualitativa, i partecipanti a questa ricerca, le registrazioni e la raccolta dei dati e la descrizione e gli oggetti delle domande del questionario.

Nel capitolo 3 presentiamo le analisi dell'intervento nella comunità, con un piccolo background sulla comunità di Barra do Japi, le motivazioni, i risultati delle interviste e un'analisi dei dati socio-economici degli intervistati. Questa sezione comprende anche un'analisi più dettagliata del processo di costruzione di una cisterna a lastre, dal processo di marcatura alla copertura della cisterna, il tutto dal punto di vista dell'etnomatematica, in modo che le procedure adottate e la metodologia di ricerca utilizzata possano condurci alla formazione della conoscenza in un contesto educativo interattivo dal punto di vista dell'educazione non formale.

Infine, nel capitolo 4, presentiamo il processo di apprendimento passo dopo passo della matematica necessaria per costruire una cisterna a piastre. [3]In questo modo, abbiamo cercato di lavorare su contenuti matematici quali: il calcolo dell'area e del volume con la geometria piana e solida, la lunghezza del raggio, il diametro e la circonferenza, nonché i costi di costruzione di una cisterna in lastre di cemento con una capacità di 16,33 metri.

Infine, nelle considerazioni finali del lavoro, abbiamo cercato di affrontare le analisi ottenute da un punto di vista educativo, mirando a un'analisi più dettagliata della possibilità per gli agricoltori e i loro parenti stretti di imparare la matematica nel corso delle loro pratiche quotidiane.

2 FONDAMENTI TEORICI E METODOLOGICI

In questo capitolo intendiamo illustrare la nostra proposta metodologica che ha guidato la ricerca sul campo e le analisi. E tenendo presente che quando lavoriamo sul curriculum di matematica dobbiamo considerare il fatto che stiamo facendo educazione matematica integrando la conoscenza con la pratica. Ubiratan lo ribadisce nelle sue parole:

Spostando la discussione sulla possibilità di fare educazione attraverso la matematica durante le lezioni, capisco che il programma di matematica contribuisce anche a sviluppare la capacità di matematizzare situazioni reali, codificandole in modo appropriato, in modo da poter utilizzare tecniche e risultati noti in un altro contesto.

Ubiratan D'Ambròsio

2.1 Partecipanti alla ricerca

Per quanto riguarda i partecipanti a questa ricerca, abbiamo cercato di concentrare i nostri sforzi sugli agricoltori familiari di una particolare comunità rurale chiamata Sitio Barra do Japi, situata al confine del territorio rurale tra i comuni di Santa Cruz/RN e Japi/RN. Ci siamo resi conto che ci sono persone che, quando lavorano nei cantieri o nelle attività quotidiane, fanno uso di conoscenze matematiche senza quasi rendersene conto. Abbiamo quindi una situazione che esiste già, ma che vogliamo analizzare e approfondire. In questo modo, 15 agricoltori sono stati intervistati nelle loro case dove erano o non erano stati direttamente coinvolti in attività legate a una cisterna a lastre.

2.2 Giustificazioni

Data la necessità di realizzare un intervento per affrontare inizialmente una situazione pregressa rispetto al tema su cui vogliamo lavorare con la comunità e all'obiettivo che vogliamo raggiungere, abbiamo dovuto redigere un questionario qualitativo per capire innanzitutto il livello a cui lavorare con la comunità rispetto al problema sollevato. Ora abbiamo l'importante compito di analizzare le risposte.

Pertanto, secondo Ludke e André (1986), quando si analizza una ricerca qualitativa, è necessario lavorare con il materiale di ricerca durante tutto il processo. Inoltre:

Il compito dell'analisi prevede innanzitutto l'organizzazione di tutto il materiale, la sua suddivisione in parti, la messa in relazione di queste parti e il tentativo di individuare tendenze e modelli rilevanti. In una seconda fase, queste tendenze e modelli vengono realizzati, cercando relazioni e interferenze a un livello di astrazione superiore.

(Ludke e André, 1986, p. 45).

2.3 L'approccio etnomatematico alla metodologia

Nel pensare alla ricerca, ci siamo concentrati sull'Etnomatematica, che ci permette di differenziarla dalla ricerca sulla formazione degli insegnanti e sull'educazione non formale. L'etnomatematica costituisce l'asse principale della ricerca che guida questo lavoro. Inoltre, ci fornisce una base arricchente per arrivare alle nostre ipotesi. Non possiamo dissociare educazione e cultura nell'ottica dell'insegnamento e dell'apprendimento della matematica.

Vedo l'educazione come una strategia per stimolare lo sviluppo individuale e collettivo generato dai gruppi culturali al fine di mantenersi come tali e di progredire nella soddisfazione dei bisogni di sopravvivenza e di trascendenza. Di conseguenza, la matematica e l'educazione sono strategie contestualizzate e totalmente interdipendenti.

Ubiratan D'Ambrósio

11

Anche la legislazione ci sostiene in questo senso. Il

Le Linee guida e le basi stabiliscono più specificamente all'articolo 28 che:

Art. 28: Nell'impartire l'istruzione di base alla popolazione rurale, i sistemi educativi devono apportare gli

adattamenti necessari per soddisfare le peculiarità della vita rurale e di ogni regione, in particolare:

I - contenuti e metodologie curriculari adeguati alle reali esigenze e agli interessi degli studenti delle aree

rurali;

II - una corretta organizzazione scolastica, compreso l'adattamento del calendario scolastico alle fasi del ciclo

agricolo e alle condizioni climatiche;

III - idoneità alla natura del lavoro nelle aree rurali

(BRASILIA, 2007).

2.4 Ricerca qualitativa

La nostra proposta di lavoro prevede una ricerca qualitativa, poiché ci concentriamo sui curricula e sulla formazione degli insegnanti nel processo di educazione non formale. Questa è quindi la metodologia più adatta alle nostre esigenze. Secondo Ambrózio, *"questo tipo di ricerca è tipico della ricerca sul campo, dove il quadro teorico, che deriva dalla filosofia del ricercatore, è intrinseco al processo". (p.102-103).*

Per questo motivo, dato l'orientamento della ricerca e trattandosi di uno studio qualitativo, abbiamo strutturato la seguente sceneggiatura:

a)   Elaborazione a priori delle domande da indagare nell'intervento sul campo;

b)   Identificazione del luogo, dei soggetti e degli oggetti che costituiranno la ricerca;

c)   Strategia e definizione della raccolta e dell'analisi dei dati;

d)   Analizzare i dati e affinare le domande poste.

2.5 Registri di ricerca e raccolta dati

Questa è stata la fase in cui abbiamo affrontato per la prima volta il lavoro di intervento con la comunità. È stata una fase molto importante, perché ha comportato la conoscenza delle persone con cui avremmo lavorato. Abbiamo dovuto verificare i dettagli che avremmo affrontato in termini di logistica di accesso, tempi di intervento, materiali adatti, ambiente di lavoro e spazio, oltre agli aspetti legati all'applicazione del questionario.

Dopo aver scelto il luogo e il pubblico di riferimento per la ricerca, abbiamo iniziato il nostro lavoro sul campo. Questo si è svolto il 16 e il 23 gennaio 2017, più precisamente in due lunedì. Ma prima abbiamo dovuto tracciare un'intera strategia di approccio. Dai primi contatti alla fase di applicazione del questionario e alla verifica delle fasi di costruzione di una cisterna a lastre.

È stato molto gratificante per me e in qualche modo rassicurante, perché si tratta dello stesso pubblico con cui lavoro da tempo, attraverso EMATER-RN, sulle politiche pubbliche per i governi federali e statali. Faccio parte del loro team tecnico di estensione rurale.

Il questionario è stato applicato direttamente nelle loro case attraverso visite individuali. In primo luogo, abbiamo spiegato lo scopo del questionario e poi abbiamo controllato i dettagli domanda per domanda, registrando tutto nel contesto della realtà vissuta in quel momento.

2.6 Descrizione e obiettivi delle domande dell'indagine

L'obiettivo generale è quello di indagare e analizzare attraverso l'etnomatematica come i contadini e i loro parenti stretti possono imparare la matematica durante la costruzione di una cisterna a platea. Ha anche obiettivi specifici, che sono indirizzati alle domande del questionario, che ha un totale di 14 domande.

Le domande sono state selezionate con temi che fanno parte della vita quotidiana dei partecipanti a questa ricerca. Per ottenere risultati che non si discostassero molto dalla loro realtà. È in quest'ottica che abbiamo elaborato il testo e gli obiettivi delle domande seguenti:

* Domanda 01 - Come è costruita la vostra casa?

Obiettivo: scoprire se le case in terra battuta esistono ancora, dato che sono già vietate dalla legislazione attuale.

* Domanda 02 - Come viene fornita l'acqua alla sua abitazione? **Obiettivo:** scoprire se la famiglia è assistita o meno da una politica dell'acqua pubblica, in particolare la politica della cisterna o dell'autobotte.

* Domanda 03 - Avete una cisterna a platea nella vostra casa?

Obiettivo: identificare se questo progetto di politica pubblica che porta questo tipo di costruzione alle popolazioni rurali ha raggiunto il 100% o è ancora inefficiente.

* Domanda 04 - Dove viene immagazzinata l'acqua?

Obiettivo: identificare se la famiglia non dispone di una cisterna, dove la conserva e se conserva l'acqua per il consumo.

* Domanda 05 - Avete un serbatoio antisettico in casa?

14

Obiettivo: in questo caso intendiamo analizzare se ci sono ancora famiglie che non trattano correttamente le loro acque reflue.

- Domanda 06 - Riutilizzate l'acqua del bagno e le utenze domestiche? **Obiettivo:** individuare se ci sono famiglie che pensano alla sostenibilità ambientale.

- Domanda 07 - Fino a quale grado o anno ha studiato?

Obiettivo: qui intendiamo mettere in relazione la scolarizzazione con l'attività di costruzione della cisterna a lastre e con altre attività esistenti.

- Domanda 08 - Sa firmare con il suo nome e/o leggere e scrivere?

Obiettivo: individuare se ci sono ancora famiglie non alfabetizzate e confrontare questo dato con quello della domanda precedente per valutare il livello di efficienza dei loro studi.

- Domanda 09 - Quali operazioni matematiche di base conosce meglio?

Obiettivo: scoprire se hanno una maggiore padronanza della matematica quando si tratta di calcolare le fatture nelle attività quotidiane.

- Domanda 10 - Sapete cos'è la geometria?

Obiettivo: L'obiettivo è individuare se il gruppo target ha conoscenze di geometria. Per associarla al lavoro sulla cisterna a lastre.

- Domanda 11 - Qual è la sua professione?

Obiettivo: associare l'attività di costruzione della cisterna alla professione del beneficiario. Per scoprire se il beneficiario utilizza le competenze della sua professione quando costruisce la cisterna.

- Domanda 12 - Utilizza la matematica per qualche attività quotidiana? **Obiettivo:** l'obiettivo è identificare se l'abilità matematica deriva dall'attività svolta in relazione alla vita quotidiana.

- Domanda 13 - Come viene commercializzato ciò che viene prodotto nella comunità?

Obiettivo: scoprire se la commercializzazione viene effettuata con quale grado di logistica imprenditoriale.

* Domanda 14 - Qual è il reddito mensile della sua famiglia?

Obiettivo: L'obiettivo è identificare le condizioni socio-economiche del gruppo target. Per valutare l'effetto delle numerose politiche pubbliche messe in atto per queste famiglie.

3 ANALISI DELLA RICERCA NELLA COMUNITÀ

In questo capitolo presenteremo un'analisi qualitativa utilizzando un questionario che è stato applicato agli agricoltori familiari della comunità di Barra do Japi durante l'intervento realizzato. Intendiamo presentare tabelle e grafici generati dai risultati del questionario con gli agricoltori. Questi includono sintesi di domande quali: livello di istruzione, classe sociale, attività professionale, come hai imparato la matematica, da quando? Oltre a domande relative alla situazione dell'acqua nella cisterna a lastre.

3.1 La comunità di Barra do Japi

La comunità è una comunità rurale tradizionale chiamata Sitio Barra do Japi, situata nel territorio di Trairi, nella mesoregione Agreste e nella microregione Borborema Potiguar dello Stato di Rio Grande do Norte (IBGE - 2008). Si trova al confine tra i comuni di Japi/RN e Santa Cruz/RN, a circa 20 chilometri dalla città di Santa Cruz e a circa 10 chilometri dalla città di Japi/RN, a cui si accede attraverso la RN 092. È una comunità composta da famiglie di agricoltori che praticano l'agricoltura e l'allevamento fin dai tempi dei primi abitanti. I suoi abitanti vivono essenzialmente di ciò che producono e anche dei salari di pensione rurale degli anziani. A maggioranza cattolica e con usi e costumi tradizionali, godono di una vita tranquilla con tutto il sostegno nei settori dell'istruzione e della sanità fornito dai municipi di Japi e Santa Cruz.

3.2 Analisi dei risultati

Qui presenteremo un'analisi delle domande poste durante l'intervento sul campo. L'obiettivo è quello di tracciare un'analogia tra ciò che volevamo ottenere alla luce delle basi metodologiche e la realtà che abbiamo trovato sul posto.

Per sfruttare questo compito, abbiamo tabulato e impostato i grafici dei risultati riscontrati con l'intervento effettuato nella ricerca sul campo. I risultati dell'analisi riportati nella Tabella 1 mostrano una predominanza di intervistati di sesso maschile, l'80% dei quali erano uomini e solo il 20% donne.

Ci rendiamo anche conto che nella partecipazione di queste persone alle attività quotidiane in campagna, c'è ancora una forte prevalenza di uomini. Ciò è in contrasto con le linee guida nazionali che chiedono una maggiore partecipazione femminile ai compiti di inclusione sociale a fronte di questi progetti di politica pubblica.

Tabella 1: Frequenza e percentuale del sesso degli intervistati.

Genere	Frequenza (fi)	fr (%)
Uomo	12	80
Donna	03	20
Totale	15	100

Fonte: *Elaborazione dell'autore.*

D'altra parte, per quanto riguarda i criteri di età degli intervistati, abbiamo avuto una frequenza molto interessante. La partecipazione di persone di età superiore ai 60 anni ha rappresentato il 60%, come mostrato nella Tabella 2 e nel Grafico 1:

Tabella 2: Frequenza e percentuale dell'età degli intervistati.

Età (anni)	Frequenza (fi)	fr (%)
Fino al 40	03	20
Tra il 40 e il 60	03	20
Oltre i 60 anni	09	60

Totale	15	100

Fonte: *Elaborazione dell'autore.*

Grafico 1: Frequenza in relazione all'età degli intervistati.

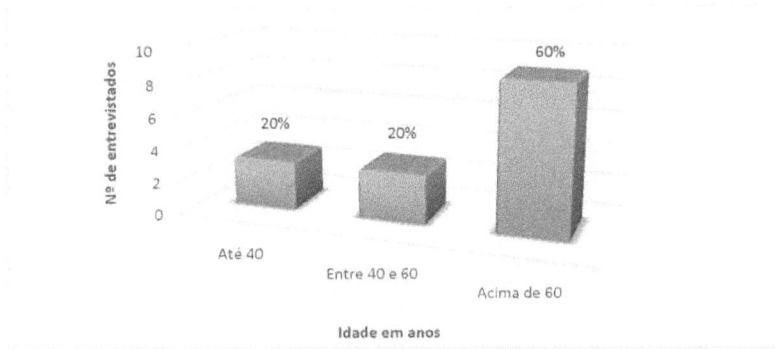

Fonte: *Elaborazione dell'autore.*

Dopo questa prima analisi dei generi e delle età degli intervistati, inizieremo ad analizzare le domande del questionario, a partire dalla Domanda 01.

• *Domanda 01 - Come è costruita la vostra casa?*

Questa domanda ha rivelato che il 100% degli intervistati vive in una casa in muratura. Questo ci porta a concludere che oggi è molto difficile che qualcuno viva ancora in una casa in terra battuta, come si voleva analizzare in questo articolo.

• *Domanda02 - Come viene fornita l'acqua alla sua abitazione?*

In questa domanda volevamo sapere se esisteva una politica dell'acqua pubblica nella comunità. Tuttavia, le risposte rivelano che tale politica esiste davvero. Secondo i dati riportati nella Tabella 3 e nel Grafico 2, il 40% degli intervistati riceve l'acqua da una fontana, che a sua volta è collegata alla rete idrica. Una persona, invece, non ha adottato questa politica di approvvigionamento.

19

Tabella 3: Frequenza e percentuale in relazione al tipo di approvvigionamento idrico.

Approvvigionamento idrico (x)	N. di persone (fi)	fr (%)
Solo condutture	01	6,66
Solo fontana	06	40
Solo cisterna d'acqua	02	13,33
Conduttura dell'acqua e fontana	02	13,33
Fontana e carrello dell'acqua	02	13,33
Cisterna d'acqua e altri (pozzo)	01	6,66
Fontana e altri (bene)	01	6,66
Totale	**15**	**100**

Fonte: *Elaborazione dell'autore.*

Grafico 2: Frequenza di approvvigionamento idrico degli intervistati.

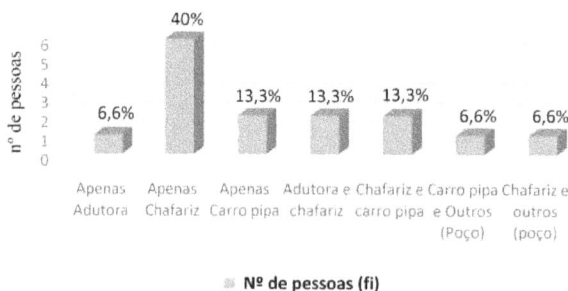

Fonte: *Elaborazione dell'autore.*

- ***Domanda 03 - Avete una cisterna a platea nella vostra casa?***

Procedendo con le analisi, si può notare che in questo item tra gli intervistati abbiamo

ottenuto un totale di 12 persone che rappresentano l'80% degli intervistati che hanno

una cisterna a piastra nella loro casa. Di conseguenza, abbiamo visto che questa politica

pubblica di costruzione di cisterne a piastra nelle aree rurali è molto forte. Tuttavia, tra

20

gli intervistati ci sono ancora 3 famiglie che non ne possiedono una, come mostra la

Tabella 4 qui sotto.

Tabella 4: Frequenza e percentuale per quanto riguarda la cisterna a lastra.

Esistenza di una cisterna a platea nella propria abitazione (x)	Numero di persone (fi)	fr (%)
Sì	12	80
No	03	20
Totale	**15**	**100**

Fonte: *Elaborazione dell'autore.*

- ***Domanda04 - Dove viene immagazzinata l'acqua?***

Per questa domanda, abbiamo riscontrato all'unanimità che tutti gli intervistati conservano l'acqua in cisterne a platea, per chi le possiede, e in cisterne in muratura o in serbatoi d'acqua.

- ***Domanda05 - Avete un serbatoio antisettico in casa?***

Come per la domanda precedente, abbiamo ottenuto anche la risposta che tutti gli intervistati hanno dei pozzi neri nelle loro case. Questo è molto positivo, perché dimostra che i rifiuti domestici vengono trattati.

- ***Domanda06 - Riutilizza l'acqua del bagno e le utenze domestiche?***

Delle 15 persone intervistate, solo 3 hanno dichiarato di riutilizzare l'acqua per il bagno e per uso domestico. L'obiettivo di questa domanda era quello di verificare se esisteva una preoccupazione per il riutilizzo dell'acqua di balneazione.

Abbiamo scoperto che solo il 20% degli intervistati riutilizza l'acqua. Questo riutilizzo

21

è ancora precario. Idealmente, l'acqua dovrebbe essere decantata e filtrata prima di essere riutilizzata. I contadini si limitano a convogliare l'acqua in piccoli fossati aperti e a usarla per innaffiare i piccoli frutteti nel cortile di casa.

- ***Domanda 07 - Fino a quale grado o anno ha studiato?***

Per la domanda 7 del questionario, abbiamo voluto indagare e confrontare il livello di istruzione degli intervistati in relazione all'attività della cisterna a lastre e ad altre attività. [a]Sulla base della tabella 5, combinata con i dati del grafico 3, possiamo notare che a prevalere sono le persone con un livello di scolarizzazione compreso tra 0 e 2 anni, ovvero le persone con un livello di scolarizzazione fino a 2 anni sono più propense a relazionarsi con queste attività.

Tuttavia, si è registrato anche un piccolo aumento di queste cifre per le persone con un livello di scolarizzazione compreso tra gli 8 e i 10 anni, come mostrato nella tabella 5 qui sotto.

Tabella 5: Frequenza e percentuale in relazione al livello di istruzione.

Anni di studio (x_i)	Numero di persone (f_i)	(f_{ac})	(PM)	(f_i.PM)	fr (%)
0 |- 2	06	06	01	06	40
2 |- 4	02	10	03	06	13,3
4 |- 6	02	11	05	10	13,3
6 |- 8	01	14	07	07	6,7
8 |- 10	03	14	09	27	20
10 |- 12	01	15	11	11	6,7
Totale	**15**			**67**	**100**

Fonte: *Elaborazione dell'autore.*

22

Grafico 3: *Frequenza del tempo dedicato allo studio dagli intervistati.*

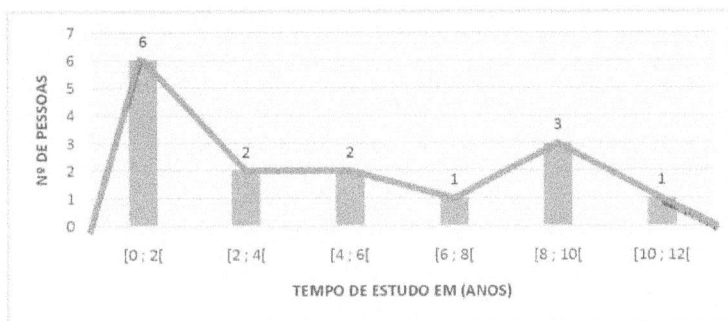

Fonte: *Elaborazione dell'autore.*

Questi due fenomeni sono chiaramente visibili nel grafico dell'istogramma sottostante, dove vediamo che la curva di normalità mostra una simmetria più forte per le persone con una scolarità da 0 a 2 anni e una simmetria leggermente più debole per quelle con una scolarità da 8 a 10 anni. Concludiamo quindi che la simmetria più forte riguarda le persone più anziane, che non hanno avuto quasi nessuna opportunità di studiare. L'altra simmetria mostra che i giovani sono sempre più coinvolti in queste attività. Questo è stato possibile solo confrontando i dati della tabella 5 con quelli della tabella 2.

- Domanda08 - Sa firmare con il suo nome e/o leggere e scrivere?

Per confrontare i dati di queste risposte con la domanda precedente, ci rendiamo conto che la tabella 6 rivela un fenomeno legato alle persone che firmano solo con il proprio nome. [a]Queste persone affermano di essere alfabetizzate o di aver studiato fino alla seconda classe. Tuttavia, il 40% degli intervistati ha cercato di alfabetizzarsi, ma è riuscito solo a imparare a firmare il proprio nome. Si tratta di quelli che chiamiamo analfabeti funzionali.

23

Tabella 6: Frequenza e percentuale in relazione al livello di alfabetizzazione.

Sa firmare con il suo nome e/o leggere e scrivere?	Numero di persone (fi) fr (%)	
Basta firmare	06	40
Non firmare	01	6,6
Sai solo leggere	02	13,3
Sa leggere e scrivere	06	40
Totale	15	100

Fonte: *Elaborazione dell'autore.*

Grafico 4: Frequenza del livello di alfabetizzazione degli intervistati.

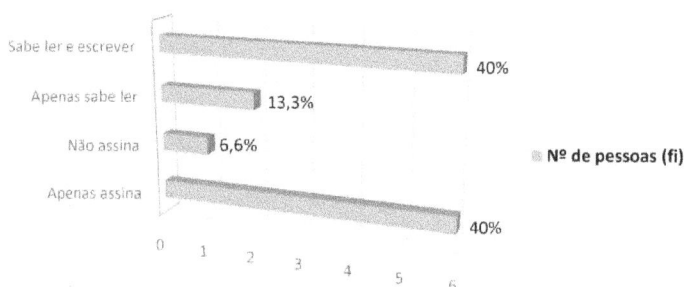

Fonte: *Elaborazione dell'autore.*

Solo uno degli intervistati non sa firmare, cioè è completamente analfabeta. Gli altri sono alfabetizzati. Il 40% degli intervistati sa leggere e scrivere. Si tratta di un fenomeno in crescita, che abbiamo già rilevato nella domanda precedente sulla crescente inclusione dei giovani in queste politiche pubbliche.

Pertanto, l'orientamento a livello nazionale è quello di includere sempre più i giovani in queste politiche.

- *Domanda 09 - Quali operazioni matematiche di base conosce meglio?*

24

In questo caso, abbiamo visto che entrambi gli intervistati hanno dichiarato di padroneggiare le operazioni di addizione e sottrazione. Tuttavia, solo il 26% ha dichiarato di saper dividere e moltiplicare.

Queste risposte hanno rivelato ciò che volevamo indagare. La loro conoscenza dell'addizione e della sottrazione è direttamente collegata alle loro attività quotidiane.

- **Domanda 10 - Sapete cos'è la geometria?**

Il 40% degli intervistati, ovvero sei persone, ha dichiarato di conoscere la geometria. Ma in modo molto vago. Il resto ha detto di non saperlo. Ciò dimostra che esiste ancora un pubblico coinvolto nelle attività di costruzione di cisterne, ma che non conosce ancora la geometria.

- **Domanda - Qual è il suo lavoro?**

In questo item, tutti gli studenti hanno rivelato di essere agricoltori. Ciò dimostra che la professione di agricoltore è strettamente legata alla matematica di base in termini di preparazione del terreno, cicli produttivi, raccolti, stoccaggio e commercializzazione. Per questo motivo hanno ottime competenze matematiche di base. Soprattutto quando si tratta di fare addizioni e sottrazioni.

- **Domanda 2 - Utilizza la matematica per le attività quotidiane?**

Per quanto riguarda la domanda 12, abbiamo riscontrato che 4 delle 15 persone intervistate hanno dichiarato di utilizzare la matematica per calcolare le bollette di casa. Ciò che salta all'occhio, dato che la professione degli intervistati era quella di agricoltore, è il fatto che solo 9 degli intervistati hanno dichiarato di utilizzare la matematica nel marketing agricolo.

- **Domanda 3 - Come viene commercializzato ciò che viene prodotto nella comunità?**

L'aspetto saliente è che 13 degli intervistati hanno dichiarato di vendere i loro prodotti agricoli nei negozi della città. Gli altri si rivolgevano a negozi locali o regionali.

- **Domanda 4 - Qual è il reddito mensile della sua famiglia?**

Come era prevedibile, visti i vari risultati precedenti nei grafici e nelle tabelle. Abbiamo la conferma che stiamo lavorando con un pubblico prevalentemente anziano, di età superiore ai 55 anni. La tabella 7 e il grafico 5 mostrano chiaramente l'analisi con cui abbiamo a che fare.

Tabella 7: Frequenza e percentuale in relazione al reddito familiare.

Reddito familiare (R$)	Numero di persone (fi)	fr (%)
Fino a 1 S.M.	03	20
Tra 1 e 1,5 S.M.	04	26,6
Sopra i 2 S.M.	08	53,3
Totale	**15**	**100**

Fonte: *Elaborazione dell'autore.*

Grafico 5: Frequenza del reddito familiare degli intervistati.

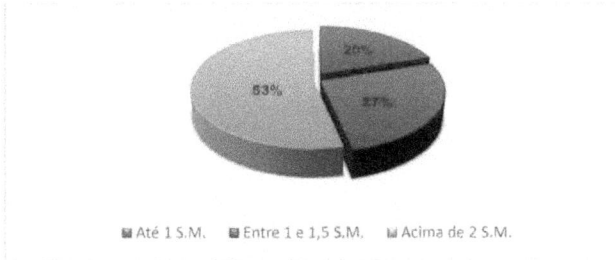

■ Até 1 S.M.   ■ Entre 1 e 1,5 S.M.   ■ Acima de 2 S.M.

Fonte: *Elaborazione dell'autore.*

Analizzando la tabella 7 e il grafico 5, abbiamo visto che queste persone sono tutte agricoltori e che le donne vanno in pensione all'età di 55 anni e gli uomini all'età di 60 anni. Possiamo dedurre che tra il 53,3% che ha dichiarato di guadagnare più di due salari minimi, questo è dovuto al fatto che sia la donna che il marito sono già in pensione con due salari minimi più quello che producono con il loro reddito agricolo.

3.3 Analisi del processo di costruzione della cisterna a platea

Per costruire una cisterna a lastre, il proprietario deve avere a disposizione, oltre ai materiali da costruzione, i seguenti materiali: sabbia, cemento, ferro, ghiaia, stampi per realizzare le lastre e le travi del tetto. Deve inoltre assumere manodopera specializzata, come muratori e servitori. Il più delle volte è lo stesso contadino a svolgere questo compito di muratore e di servitore, poiché possiede questa abilità in famiglia.

Se dovete costruire una cisterna a platea, oltre ai materiali sopra elencati, avete bisogno anche di una buona collocazione. Deve essere vicina alla casa, a una distanza di circa 3 o 4 metri, in modo da non essere lontana dalla rete idrica. L'impianto sarà fissato direttamente sul tetto della casa e funzionerà attraverso le grondaie installate per raccogliere l'acqua che cade dalla pioggia.

3.3.1 La cisterna a lastre

Il progetto della cisterna a lastre è nato nel 2000 nel nord-est del Brasile, in risposta all'urgente necessità di immagazzinare acqua nella regione più colpita dalle grandi siccità, la regione semiarida brasiliana. Fu allora che un gruppo di ricercatori di un'organizzazione chiamata ASA (Articulaçao Semiàrido) creò il progetto delle cisterne a piastra. Hanno iniziato a implementarlo nel Nordest attraverso un programma governativo chiamato 1 milione di cisterne.

La cisterna a lastre, come dice il nome, è costituita da lastre di cemento, la sua base è di forma circolare e il suo volume è cilindrico con un coperchio a forma di cono. Oggi ha diverse capacità in termini di volume. [3]Più precisamente, ci occuperemo di una cisterna con una capacità di 16,33 metri. Questa cisterna viene fondamentalmente utilizzata per immagazzinare l'acqua durante la stagione delle piogge attraverso le grondaie installate sui tetti delle case e in altri periodi di siccità attraverso il programma di cisterne dell'esercito.

A loro volta, le lastre che compongono le pareti di questa cisterna sono di forma rettangolare. Questo ci permette di lavorare sulla geometria calcolando l'area delle pareti laterali in modo da sapere quante lastre ci servono per costruirla. Anche la base è circolare e questo ci permette di calcolare il diametro, il raggio e l'area della base per trovare l'altezza ideale in modo da avere una capacità di 16,33 m3 di acqua.

In breve, la cisterna a lastre ci aiuterà a fare un buon lavoro di apprendimento della matematica che sta alla base della sua costruzione. Per costruirla, oltre a una buona posizione, sono necessari i seguenti materiali: sabbia, cemento, ferro, ghiaia e stampi di legno per realizzare le lastre e le travi.

3.3.2 Scelta del terreno e tracciatura della cisterna

Il terreno deve essere pianeggiante e vicino alla residenza dell'agricoltore che lo costruirà, come mostrato nell'immagine 1 qui sotto. Per quanto riguarda la sua segnaletica, sarà di forma circolare e con un diametro di 5 metri per un volume d'acqua di 16,33 mila litri. Questo volume è sufficiente per una famiglia di 4 persone per soddisfare il proprio fabbisogno idrico per circa 3,5 mesi.

Tenendo presente che una persona media in una famiglia ha bisogno di almeno 40 litri d'acqua al giorno per soddisfare le esigenze igieniche di base e di sopravvivenza in termini di lavarsi, bere, cucinare e lavare i piatti.

Per questo motivo è necessario scegliere un buon appezzamento di terreno in modo che la cisterna sia vicina all'abitazione della famiglia, in modo da poterla mantenere sempre ben curata e con acqua sufficiente per la manutenzione.

Immagine 1: Scelta del sito per la cisterna a lastre

Fonte: *Collezione propria*

È essenziale che questa marcatura sia fatta con un diametro di 5 metri, poiché il diametro effettivo della cisterna è di 3,40 metri per 1,8 metri e la profondità della fondazione è di 1,2 metri, cioè la cisterna è interrata di 1,2 metri nel terreno per sostenere meglio la sua struttura laterale.

Lo spazio extra nella marcatura di 0,8 metri è dovuto al fatto che i professionisti che costruiranno hanno bisogno di uno spazio confortevole per lavorare all'interno della buca scavata. La marcatura si effettua con una corda legata a un picchetto al centro del cerchio e un altro picchetto all'altra estremità. Per fare il segno giusto, il muratore dovrà fare un giro di 360°, come mostrato nella figura 02 qui sotto.

Immagine 2: Marcatura del foro per la cisterna in gesso

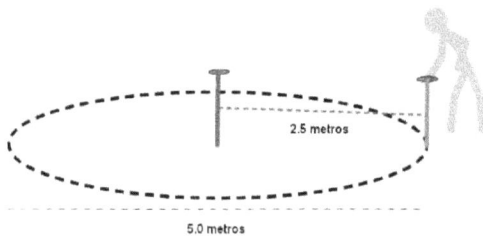

2.5 metros

5.0 metros

Fonte: *Collezione propria*

3.3.3 Livellamento del pavimento e costruzione della parete

Il pavimento viene livellato quando si scava la buca circolare. Questa buca viene scavata con mezzo metro di margine su ogni lato, in modo che il muratore possa lavorare in modo sciolto per costruire il muro. Una volta completato lo scavo, inizia il livellamento del pavimento.

Questo verrà fatto riempiendo un sottofondo di cemento e una rete di ferro. Il livellamento inizia controllando costantemente con un tubo di livellamento. Questo serve a determinare che il pavimento sia effettivamente in piano grazie all'acqua presente al suo interno.

Immagine 3: livellamento del pavimento

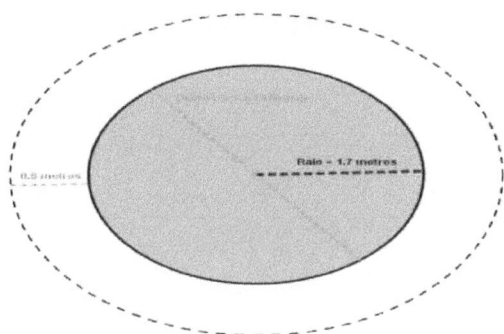

Fonte: *Collezione propria*

La parete laterale è costruita con blocchi di cemento rettangolari di 50 cm di larghezza, 60 cm di lunghezza e 3 cm di spessore. Vengono realizzati con stampi di legno. Una volta pronti, vengono posati uno ad uno, realizzando i giunti come mostrato nell'immagine 4 qui sotto:

Immagine 4: Costruzione del muro della cisterna

Fonte: *Collezione propria*

3.3.4 Costruzione del tetto

L'utilizzo di questo tipo di forma conica consente di sostenere la struttura del tetto in modo più efficiente, poiché la forma conica è in grado di sostenere un peso maggiore rispetto alla forma piatta del tetto. Anche le lastre sono realizzate con uno stampo a forma di trapezio isoscele le cui misure sono: base maggiore 50 cm, base minore 8 cm e lati 1,63 cm. Si veda l'immagine 5 qui sotto:

Immagine 5: Coperchio della cisterna a lastre

Fonte: *sito web dell'Istituto Antônio Conselheiro*

4 MATEMATICA NELLA COSTRUZIONE DEI PIATTI DI UNA CISTERNA

L'apprendimento della matematica non avviene solo in classe, ma anche al di fuori di essa, in un modo dinamico che permette alla teoria di interagire con la pratica. È in quest'ottica che concordiamo con D'Ambrózio quando afferma che:

L'utilizzo della spesa quotidiana per insegnare la matematica rivela pratiche apprese al di fuori dell'ambiente scolastico, una vera e propria etnomatematica del commercio. Una componente importante dell'etnomatematica è quella di consentire una visione critica della realtà utilizzando strumenti matematici. Le analisi comparative di prezzi, conti e bilanci forniscono un ottimo materiale didattico.

(D'AMBROSIO, 2001, p.23).

4.1 Misurare la lunghezza del cerchio, il raggio e il diametro.

In questa fase abbiamo cercato di introdurre i concetti di circonferenza, raggio e diametro per fornire una base migliore alla nostra proposta. Passiamo quindi ai concetti. Prima però dobbiamo capire che un cerchio e una circonferenza sono simili ma diversi. Un cerchio è una qualsiasi parte circolare interna delimitata dalla circonferenza. Una circonferenza, invece, è solo la parte che limita la parte circolare interna dalla parte esterna non circolare.

- Definizione di circonferenza:

*Una **circonferenza** è un insieme di punti appartenenti al piano che, dato un punto fisso C, hanno la stessa distanza dal punto C. In altre parole, data una distanza "r" e un punto fisso C, ogni punto A che ha una distanza da A a C uguale a r è un punto della circonferenza.*

Ora possiamo addentrarci nel processo passo dopo passo di come fare i segni per iniziare a costruire una cisterna a lastre. Prima di tutto, iniziamo a scegliere un appezzamento di terreno. Dovrebbe essere pianeggiante e vicino alla casa. Quindi si sceglie un punto che sarà il centro del cerchio che costituirà la base della cisterna.

Per segnare la lunghezza del cerchio. In questo caso, si interra un picchetto al centro del cerchio e con uno spago legato al picchetto e teso per misurare il raggio del cerchio, si segna la circonferenza iniziando un percorso circolare con un altro picchetto all'altra estremità dello spago fino a formare un giro di 360° e chiudere il cerchio.

Il risultato di questo lavoro iniziale è la formazione di una base circolare per la cisterna a piastre. Dove possiamo anche imparare: (conoscenze di base) mostrare le immagini delle figure geometriche che si intende utilizzare.

- Diametro: $D = 2 \cdot r$

- Lunghezza della circonferenza: $C = 2 \cdot \pi \cdot r$

Il pi greco (π) è un numero irrazionale, che nei nostri problemi considereremo arrotondato a 3,14. Per meglio mostrare e illustrare quanto appena esposto, abbiamo poi le immagini sottostanti che illustrano il confronto tra la foto reale e l'immagine di Geogebra che illustra il risultato geometrico.

Immagine 6: Studio della circonferenza con la cisterna a piastre

Scavare una cisterna	Circonferenza, raggio e diametro
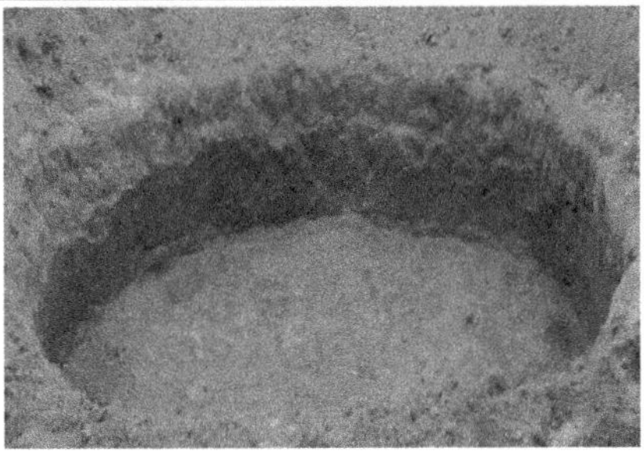	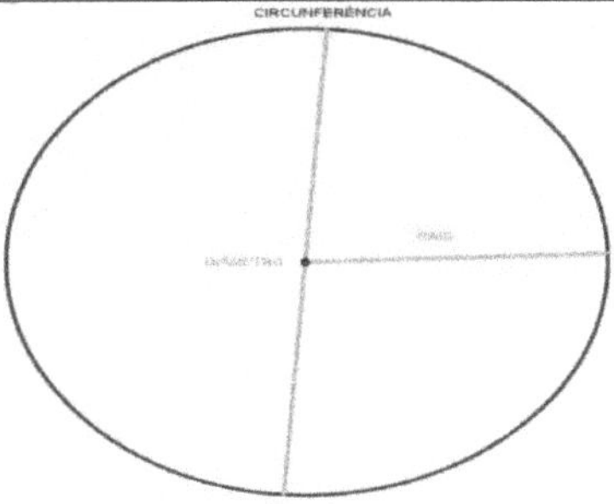

Fonte: *Sito web della Caritas diocesana di Amargosa*

4.2 Misurazione dell'area della base circolare e dell'area della parete laterale

Per farlo, cerchiamo di capire innanzitutto le figure geometriche piane che sono direttamente collegate a questi calcoli. Le figure in questione sono: il cerchio, il rettangolo e il triangolo. Dopo aver compreso le principali figure coinvolte nella cisterna. Ora possiamo iniziare a calcolare l'area della base e l'area della parete. Quindi abbiamo:

Il calcolo dell'area della base circolare della cisterna a piastre:

$_b{}^2$Area della base: $A = \pi \cdot r$, dove $\pi \cong 3,14$ e r è il raggio del cerchio.

Immagine 7: Calcolo dell'area della base circolare della cisterna

Pavimento di una cisterna	Area della base circolare

Fonte: *Collezione propria*

Esempio 01:

Calcolare l'area della base di una cisterna con un raggio di 1,7 metri.

Soluzione:

$$A_b = \pi \cdot (1,7)^2 \cong 3,14 \cdot 2,89 \cong 9,07 \; m^2$$

- Calcolo dell'area della parete laterale:

Si vede che la superficie laterale è un rettangolo con base $2 \cdot \pi \cdot r$ e altezza h. Pertanto,

l'area della superficie laterale sarà data da:

Immagine 8: *Progettazione della cisterna*

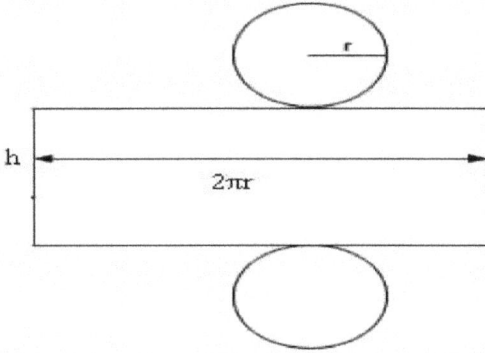

Fonte: *Collezione propria*

$_l$**Area del lato:** $A = 2 \cdot \pi \cdot r \cdot h$, dove h è l'altezza del cilindro e r è il raggio della base.

L'area totale del cilindro si ottiene sommando l'area delle due basi a quella laterale. In questo modo si avrà:

$_{tlb}$**Area totale:** $A = A + 2 \cdot A$ (eq. 1)

$_l$**Area laterale:** $A = 2 \cdot \pi \cdot r \cdot h$ (eq. 2)

$_{b^2}$**Area della base:** $A = \pi \cdot r$ (eq. 3)

Ne consegue che:

$$A_t = 2 \cdot \pi \cdot r \cdot h + 2 \cdot \pi \cdot r^2$$

Oppure

$$A_t = 2 \cdot \pi \cdot r \cdot (h + r)$$

Esempio 02:

Calcolare l'area della parete laterale di una cisterna alta 1,8 metri e con un raggio di base di 1,7 metri.

Soluzione:

$$A_l = 2 \cdot \pi \cdot r \cdot h \cong 2 \cdot 3,14 \cdot 1,7 \cdot 1,8 \cong 19,21 \; m^2$$

D'altra parte, possiamo notare che l'area della parete ci permette di calcolare quante lastre sono necessarie, a seconda delle loro dimensioni, per formare l'intera parete della cisterna. Ciò significa che, una volta pianificata l'area dell'intera parete, abbiamo una grande figura geometrica, il rettangolo.

Sappiamo anche che una piastra formerà un rettangolo. Pertanto, dividendo facilmente l'area dell'intera parete per l'area di un piatto, si ottiene il numero di piatti necessari per formare l'intera parete della cisterna.

Immagine 9: Pianificazione dell'area della parete laterale della cisterna

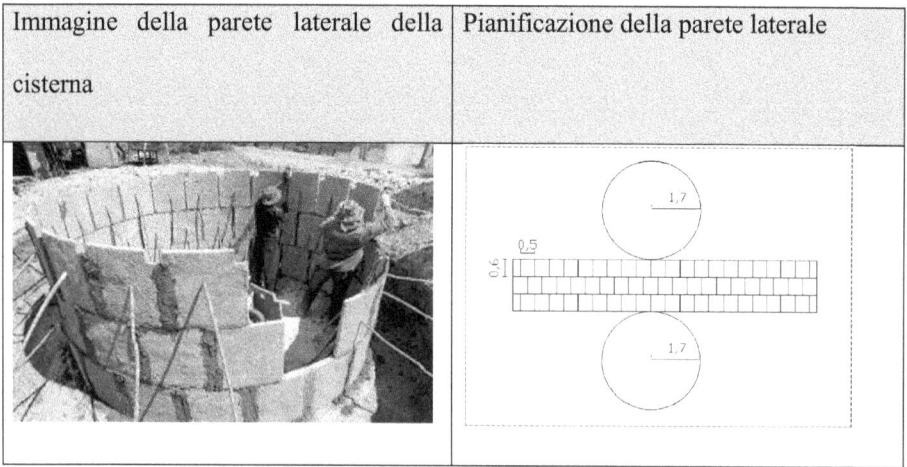

Immagine della parete laterale della cisterna	Pianificazione della parete laterale

Fonte: *sito web di AgroFlor*

4.3 Misurazione del volume della cisterna a lastre

Per farlo, dobbiamo capire che tipo di figura geometrica solida rappresenta una cisterna a piastre. Sappiamo che la parte della cisterna che consideriamo come volume è solo quella che sarà completamente riempita d'acqua. Quindi, per calcolare il volume dell'acqua, consideriamo solo la parte cilindrica e non il tetto, che rappresenta *già* un'altra figura geometrica di cui parleremo più avanti. Per capire cos'è un cilindro, vediamo il concetto. Secondo Dolce e Pompeo (2005) un cilindro è:

- Definizione di cilindro:

*Il **cilindro** è la riunione della parte del cilindro circolare illimitato compresa tra i piani delle sue sezioni circolari parallele e distinta rispetto a queste sezioni.*

Immagine 10: Volume cilindrico della cisterna

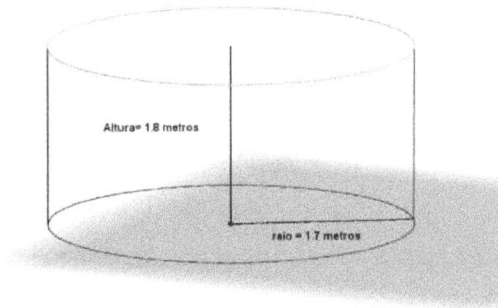

Altura= 1.8 metros

raio = 1.7 metros

Fonte: *Collezione propria*

Il volume di un cilindro, secondo il principio di Cavalieri, si ottiene allo stesso modo del volume di un prisma. Possiamo quindi dire che il volume di un cilindro è uguale al prodotto dell'area della base e dell'altezza, ovvero

$$V = A_b \cdot h = \pi \cdot r^2 \cdot h \quad \text{(eq.4)}$$

Ne consegue che,

39

$_h{}^2A = \pi \cdot r$, secondo l'eq. 3

L'immagine 11 mostra un confronto tra la foto di una cisterna reale e un'illustrazione disegnata in forma cilindrica.

Immagine 11: Calcolo del volume di una cisterna a platea

Immagine della parte cilindrica di una cisterna	Forma cilindrica del serbatoio
	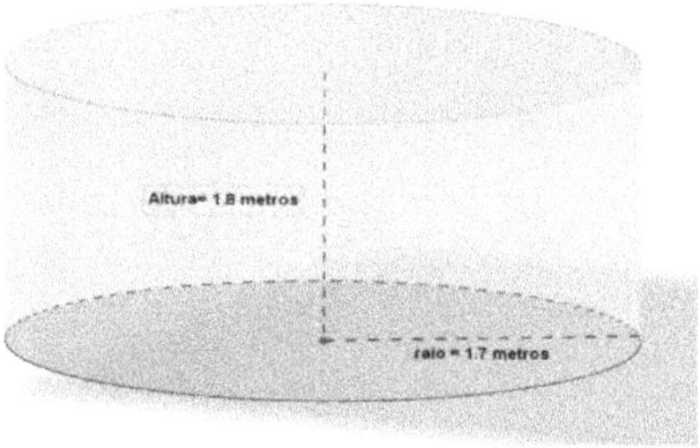

Fonte: *Collezione propria*

Esempio 03:

Calcolare il volume di una cisterna alta 1,8 metri e con un raggio di base di 1,7 metri.

Soluzione:

$$V = 3,14 \cdot (1,7)^2 \cdot 1,8 = 3,14 \cdot 2,89 \cdot 1,8 = 16,33 \; m^3$$

4.4 Il coperchio a forma di cono

Il tetto è di forma conica e nella sua struttura si nota che le travi sono distribuite sulla parete per sostenere meglio le lastre trapezoidali, cioè le lastre a forma di trapezio. Il tetto nel suo complesso forma quindi una figura geometrica conica. Dalla figura 12 si può facilmente notare che un cono ha le seguenti parti: base, faccia laterale, vertice, raggio e altezza.

Immagine 12: Studio del cono con la cisterna a piastre

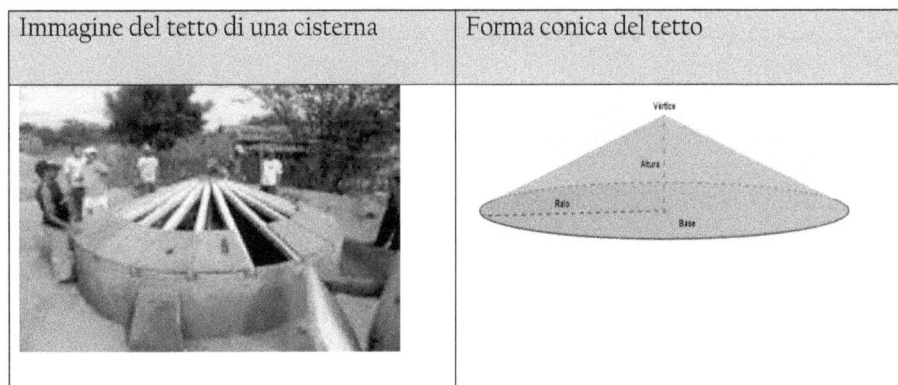

Immagine del tetto di una cisterna	Forma conica del tetto

Fonte: *https://www.youtube.com/watch?v=0GNu2Rr0-dc*

4.5 La relazione tra volume e precipitazioni

Come si calcola l'accumulo delle precipitazioni? [2]Si calcola il rapporto tra 1 mm di

pioggia e lm del tetto della casa, che equivale a 1 litro d'acqua. In altre parole, se voglio

completare la capacità della cisterna di 16.000 litri, quanti mm di pioggia mi servono?

E per una famiglia di 6 persone che consuma circa 40 litri d'acqua al giorno, quale

sarebbe il calcolo? E per quanti giorni questa cisterna sarebbe in grado di sopperire alle

carenze idriche di questa famiglia? Queste e altre sono le domande legate alla

matematica che la costruzione di questa cisterna può insegnarci.

Fonte: *Collezione propria*

4.5.1 Problema 01 - Stimare il costo totale della costruzione di una cisterna in intonaco di cemento con dimensioni di 1,8 m di altezza e 3,4 m di diametro. [3]Si consideri il costo di R$ 200,00/m per la malta a base di cemento e sabbia formulata nel tipo 1: 4,5 (per 1 latta di cemento occorrono 4,5 lattine di sabbia) e il costo di R$ 240,00/m3 per il calcestruzzo formulato in cemento, sabbia e ghiaia nel tipo 1: 2: 2 (per 1 latta di cemento occorrono 2 lattine di sabbia e 2 lattine di ghiaia). Questi prezzi si basano sul costo dei materiali reperibili sul mercato. Il costo della manodopera è di circa Æ$ 1100,00.

a)   Calcolare la quantità volumetrica e il costo di realizzazione delle lastre per la parete laterale, considerando che saranno necessarie 63 lastre di cemento rettangolari con dimensioni di 0,50 m x 0,60 m x 0,03 m. (Giustificare perché 63 lastre e non 64);

b)   [2]Calcolare la quantità volumetrica e il costo delle lastre del coperchio, considerando che per costruire il coperchio della cisterna saranno necessarie 19 lastre di cemento con una superficie di 0,41 m e uno spessore di 0,03 m ciascuna.

c)   Calcolare il costo della realizzazione di 19 travi in cemento di 1,7 m *x 0,06 m x*

42

0,08 m per sostenere le lastre del coperchio.

d)   Calcolare la quantità volumetrica e il costo del calcestruzzo del pavimento della cisterna considerando uno spessore di 7 cm;

e)   Calcolate ora la quantità volumetrica e il costo della malta necessaria per intonacare l'interno della parete laterale della cisterna, sapendo che lo spessore dell'intonaco è di 0,02 metri;

f)   E infine sommare il tutto per ottenere il costo totale della cisterna.

Soluzione (punto a):

Per prima cosa, calcoleremo il costo della realizzazione delle lastre della parete laterale. [2]Quindi, in base all'*equazione 2* **a pagina 33**, abbiamo l'area della parete pari a 19,33 m . Ci rendiamo conto quindi che per ottenere il numero di lastre dobbiamo dividere l'area laterale per l'area di una lastra, che è di 0,30 m2 . In questo caso, il risultato è 64,4 lastre. Tuttavia, per costruire la parete laterale sono necessarie solo 63 lastre, poiché è necessario un piccolo spazio di circa 2 cm tra le lastre da stuccare con il cemento.

[pl]Per trovare il costo, dobbiamo calcolare il volume di ciascuna parete laterale (V). Ne consegue che,

$$V_{p1} = 0,50 \cdot 0,60 \cdot 0,03 = 0,009 \ m^3$$

[3]In altre parole, occorrono 0,009 m di malta per costruire ogni lastra rettangolare, quindi il prezzo di una lastra è di 0,009 - 200,00 = Æ$ 1,80 e il costo totale delle lastre

rettangolari è di

$$63 \cdot 1,80 = R\$ 113,40.$$

Soluzione (punto b):

p2È necessario calcolare il volume di ciascuna piastra del coperchio (V). Pertanto,

$$V_{p2} = 0,41 \cdot 0,03 = 0,012 \, m^3$$

Pertanto, per costruire ogni piastra di copertura sono necessari 0,012 m3 di malta.

Pertanto, il costo di una piastra di copertura è di 0,012 - 200,00 = Æ$ 2,40 e il costo

totale delle 19 piastre sarà di

$$19 \cdot 2,40 = R\$ 45,60$$

Soluzione (punto c):

Ora, per calcolare il costo di realizzazione delle 19 travi, calcoleremo il volume di una

trave (V). Quindi,

$$V_v = 1,7 \cdot 0,08 \cdot 0,06 = 0,008 \, m^3.$$

[3]Pertanto, il costo del calcestruzzo per costruire 1 trave è di 0,008 - 240,00 = 1,92 R$

e il costo del ferro per costruirla è di 1,7 - 3,50 = 5,95 R$. Quindi ogni trave costerà

1,92 + 5,95 = 7,87 R$. Il costo totale delle travi sarà

$$19 \cdot 7,87 = R\$ 149,53.$$

Soluzione (punto d):

Per calcolare il costo del pavimento, dobbiamo considerare l'area della base circolare della cisterna. [2]Così, secondo l'Esempio 01 a pagina 32, abbiamo l'area della base della cisterna pari a 9,07 m . [p]Quindi il volume del pavimento (V) è

$$V_p = 9,07 \cdot 0,07 = 0,634 \ m^3.$$

Per realizzare il pavimento saranno quindi necessari 0,634 m3 di calcestruzzo. Quindi il costo di costruzione del pavimento è

$$0,634 \cdot 240,00 = R\$ \ 152,16$$

Soluzione (punto e):

Per intonacare la parete interna, si calcola innanzitutto il volume del materiale utilizzato. [r]Quindi il volume dell'intonaco (V) è

$$V_r = 19,21 \cdot 0,02 = 0,384 \ m^3$$

Per realizzare l'intonaco saranno necessari 0,384 m3 di malta. Possiamo ora stimare il costo dell'intonaco, che è di

$$0,384 \cdot 200,00 = R\$ \ 76,80$$

Ora possiamo calcolare il costo totale della cisterna. In questo modo, sommeremo tutte le soluzioni trovate finora, più il costo stimato della manodopera. Quindi il costo totale della cisterna è

$C_{total} = 113,40 + 45,60 + 149,53 + 152,16 + 76,80 + 1100,00$

$= R\$ 1.637,49$

4.5.2 Problema 02 - Quanti litri di acqua piovana può raccogliere un tetto di 6 x 9 m, dato che riceve una pioggia annuale di 500 mm con un'efficienza del tetto dell'80%? E quale sarebbe il volume di una cisterna a platea necessaria per contenere questa quantità di acqua piovana catturata?

Dati:

$_t$Superficie *del tetto: A* = 9 · 6 = 54 *m²*

$_A$*Precipitazioni annue: P* = 500mm = 0,50m

$_c$*Efficienza di cattura: E* = 80% = 0,80

[3]*Volume catturato: V, sapendo che Im* = 1000 *litri*

Soluzione:

V = At · Pa · Ec

[3]*V = 54 · 500 · 80 = 54 · 0,5 · 0,8 = 21,6m = 21600 litri*

[2]Così, un tetto di 54 m, che riceve 500 mm di pioggia con un'efficienza di cattura dell'80%, può fornire il volume necessario per una cisterna con una capacità di 21.600 litri. [3]Questa cisterna, con un volume di 21,6 m durante la stagione delle piogge, alimenta una famiglia di 5 persone che consuma circa 200 litri al giorno per 108 giorni.

4.5.3 Problema inverso: qual è l'area del tetto in m2 per alimentare una cisterna a lastre da 16.000 litri?

Dati:

A = Superficie del tetto

V = volume della cisterna = 16.000 l = 16 m³

B = precipitazioni annuali = 500 mm = 0,50 m

C = 80% efficienza di cattura = 0,8

Soluzione:

$V = A \cdot B \cdot C \rightarrow A = V/(B \cdot C)$

$B \cdot C = 0,50 \cdot 0,80 = 0,40$

³A = 16m / 0,40 = 40m³

²Per alimentare una cisterna con 16.000 litri d'acqua, è sufficiente un tetto di 40 metri di superficie.

CONSIDERAZIONI FINALI

Tuttavia, non possiamo non sottolineare quanto questo lavoro abbia avuto un impatto sulla relazione tra genitori, bambini e altri soggetti per quanto riguarda l'insegnamento e l'apprendimento della matematica nella comunità di Barra do Japi.

È stato quindi attraverso gli insegnamenti e le tecniche dell'Etnomatematica che abbiamo potuto dare un contributo alla comunità di Barra do Japi e alla zona circostante, apprendendo le conoscenze matematiche relative alla geometria di base intrinseca alla costruzione di una cisterna a lastre. Questo ci ha permesso di studiare figure piane come rettangoli, triangoli e cerchi, oltre ad alcune figure nello spazio come cilindri e coni. Inoltre, è stato possibile studiare l'apprendimento relativo al calcolo della lunghezza di un cerchio, dell'area di un cerchio, dell'area di un rettangolo, lo studio del raggio, del diametro e dell'altezza. Inoltre, è stato possibile calcolare il volume di un cilindro e altri calcoli matematici relativi alla conversione delle precipitazioni in mm nella capacità volumetrica di una cisterna.

Inoltre, ci siamo resi conto che è attraverso l'etnomatematica che possiamo relazionarci con la comunità, interagendo con la pratica quotidiana all'interno di una particolare attività che intendiamo studiare, al fine di creare un collegamento tra teoria e pratica. E così possiamo estrarre tutte le conoscenze coinvolte, che ci permetteranno di imparare di più dagli autori coinvolti.

Possiamo quindi dire che questo lavoro è stato di grande rilevanza e si è rivelato molto gratificante per le persone coinvolte. Ci lascia in eredità il processo di insegnamento-apprendimento, l'approccio scientifico all'arte accademica, la formalità, l'etica, la perseveranza e, perché no, la speranza. Poiché in questo progetto avevamo l'intenzione di intervenire, interagire e puntare a qualcosa.

Infine, possiamo dire con certezza di aver raggiunto il nostro obiettivo e che: Chi insegna impara insegnando. E chi impara insegna imparando (Paulo Freire, 2000).

RIFERIMENTI

BRASIL, **Parâmetros Curriculares Nacionais**: matemàtica. Brasilia:

MEC/SEF, 1997.

BRASIL, **Parametri del Curriculum Nazionale**: Matematica. 3.ed. Brasilia:

MEC/SEF, 2001.

BRASIL. Legge n. 9394 del 20 dicembre 1996. **Legge sulle linee guida e sulle basi di Educazione**. 4. ed. Brasilia: Senado Federal, 2007.

D'AMBROSIO, Ubiratan. **Etnomatematica: il** legame tra tradizione e modernità. Belo Horizonte: Autêntica, 2001.

D'AMBROSIO, Ubiratan. **Educazione matematica:** dalla teoria alla pratica. 2.ed. Campinas: Papirus, 1997.

D'AMBROSIO, Ubiratan. **Etnomatematica:** arte o tecnica di spiegare e conoscere. San Paolo: Atica, 1990.

DOLCE, Osvaldo; POMPEO, José Nicolau. **Fondamenti di matematica elementare 10**: geometria spaziale, posizione e metrica. 6. ed. San Paolo: Atual, 2005.

FREIRE, Paulo. **Educaçâo e Mudança**. 26. ed. Rio de Janeiro: Paz e Terra, 2002.

FREIRE, Paulo. **Pedagogia dell'autonomia**. 31. ed. Rio de Janeiro: Paz e Terra, 2000.

FERREIRA, Edson Luiz Cataldo. **Geometria di base**. v.2./3.ed. Rio de Janeiro: Atual, 2007.

LÜDKE, M; ANDRÉ, M. E.D. **Pesquisa em educaçâo:** abordagens qualitativas. San

Paolo: EPU, 1986.

MATTOS, J. R. L. & BRITO, M. L. B. **Gli agenti rurali e le loro pratiche professionali: un** legame tra matematica ed etnomatematica. Bauru: Ciência & Educaçao, 2012.

MACHADO, S. D. A. **Ingegneria didattica.** In: MACHADO, S. D. A. (org). **Educazione matematica:** una (nuova) introduzione. 3. ed. San Paolo: EDUC, 2008.

Milton Keynes UK
Ingram Content Group UK Ltd.
UKHW032318221024
449917UK00001B/179

9 786208 168056